致卡罗琳和马丁。——戴维·A. 阿德勒

献给雅克。——安娜·拉夫

图书在版编目（CIP）数据

变身吧！物质 /（美）戴维·A. 阿德勒著；（美）安娜·拉夫绘；彭相珍译 . — 北京 : 北京出版社，2022.4
（物理有魔法）
书名原文：SOLIDS, LIQUIDS, GASES, ADN PLASMA
ISBN 978-7-200-17068-9

Ⅰ . ①变… Ⅱ . ①戴… ②安… ③彭… Ⅲ . ①物质—少儿读物 Ⅳ . ① 04-49

中国版本图书馆 CIP 数据核字（2022）第 038581 号

版权合同登记号：图进字 01-2022-0631 号

项目策划　恽　梅
项目统筹　朱月琦
责任编辑　牟　苗
特约编辑　林　跞
责任印制　武绽蕾
装帧设计　宸唐工作室

物理有魔法
变身吧！物质
BIANSHEN BA! WUZHI

[美]戴维·A. 阿德勒 / 著
[美]安娜·拉夫 / 绘
彭相珍 / 译

出　　版　北京出版集团
　　　　　北京出版社
地　　址　北京北三环中路 6 号
邮政编码　100120
网　　址　www.bph.com.cn
总 发 行　北京出版集团
经　　销　新华书店
印　　刷　河北鹏润印刷有限公司
版 印 次　2022 年 4 月第 1 版　2022 年 4 月第 1 次印刷
开　　本　889 毫米 ×1194 毫米 1/16
印　　张　2.5
字　　数　50 千字
书　　号　ISBN 978-7-200-17068-9
定　　价　48.00 元

如有印装质量问题，由本社负责调换
质量监督电话：010-58572393

物质无处不在。

任何物质都占据空间，无论这个空间多么微小；

物质一定有质量，无论它的质量多么微小。

岩石是一种物质，它有质量而且占据了空间。

书籍、鞋子和足球，也都是物质。

让这块巧克力带你认识一下物质吧。

咬上一小口巧克力。当然啦，它尝起来就是巧克力的味道。

再把巧克力平放在桌子上，砸它一拳。巧克力碎成小块了。尝一尝这些小碎块吧。它们依然是巧克力的味道，对吧？

物质就是这样。它由微小的"碎片"组成，每一个小"碎片"的性质都与大"碎片"相同，其中最小的"碎片"被称为**分子**。

水分子

一滴水，由数以万亿计的水分子组成。一个水分子由更小的粒子组成，它们的名字叫**原子**。原子是构成**元素**的最小单位。我们的世界就是由一百多种已知元素构成的。铁、银、金、铜、氧、锌和氢，都是常见的元素。

水分子

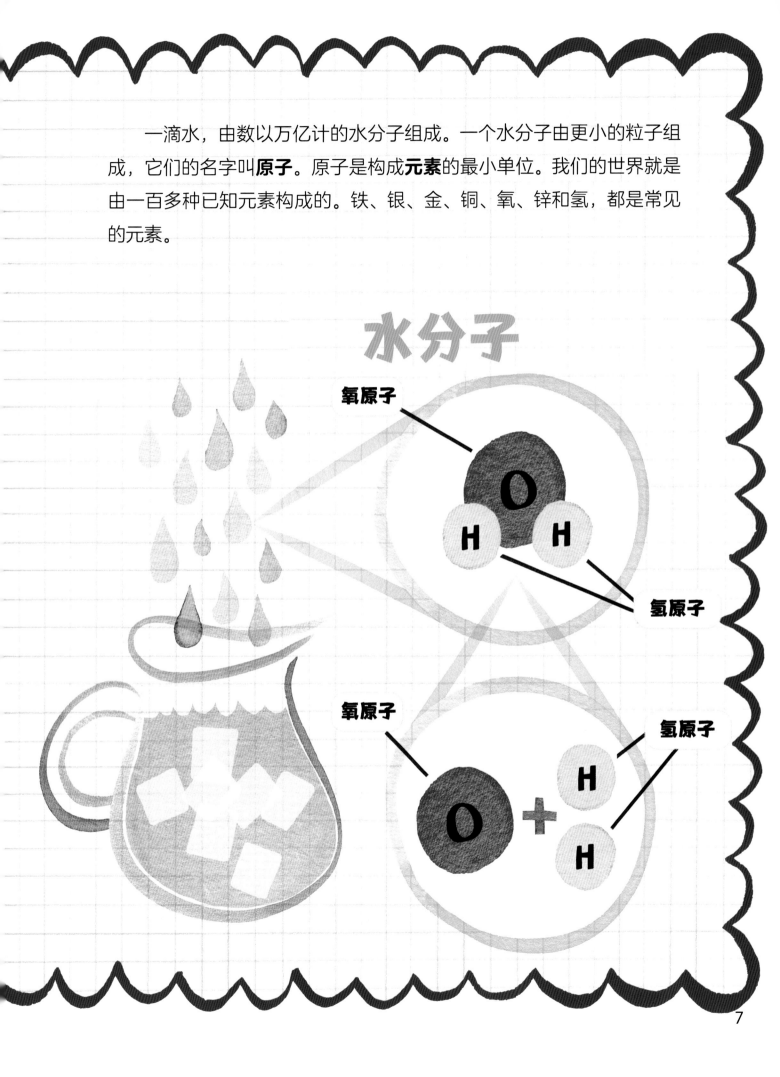

氧原子

氢原子

氧原子

氢原子

如果物质状态发生改变，会出现什么变化呢？

构成冰和其他**固体**的分子排列十分紧密，运动缓慢。

8

水和其他**液体**的分子排列比较松散，分子间可以相互移动。
水蒸气和其他**气体**的分子排列最松散，可以自由运动。

9

固体有形状，也有**体积**。大石块、鹅卵石、书籍、鞋子和足球都是固体。

一张薄薄的纸也是固体。我们可以把纸折起来，也可以把它撕成碎片，但如果不去碰它，那么纸的形状是不会改变的。

固体有硬的，也有软的。相比之下，高尔夫球是硬的固体，棉花糖是软的固体。

图上的高尔夫球和棉花糖大小差不多，但质量却不一样。在大小相同的情况下，高尔夫球的质量比棉花糖大得多，因为它的**密度**更大。在同样的空间里，高尔夫球包含的物质更多。

水、牛奶、果汁和其他液体都有质量，而且占据了空间，所以它们也是物质。但液体没有固定的形状，它的形状随着容器而变化。我们可以做个小实验证明这一点。

在杯子里倒上半杯水吧。这时，我们看到的水是长条的圆柱体。

再把杯子里的水倒入方形平底锅。现在，我们看到的水变成了平整的长方体。

容器的形状，决定了液体的形状。

　　液体通常以体积来衡量，也就是它所占据空间的大小。当我们把液体从一个容器倒入另一个容器后，它的形状会发生变化，但体积不会改变。取出两个不同形状但容积相同的量杯，做个简单的实验吧。

1. 往第一个量杯里倒入半杯水。

2. 将水从第一个量杯倒入第二个量杯。

3. 第二个量杯里的水量看起来好像和第一个里的不一样，但实际上水的体积并没有发生变化。第二个量杯里的水位，正好也在半杯的高度。

与固体一样，就算不同的液体占据相同的空间，也就是有一样的体积，它们的质量也可能不同。要证明这一点，可以用两种不同的液体做一做实验，如水和食用油。我们还需要两个相同的一次性纸杯或塑料杯、一把尺子、一支记号笔和一台秤。当然，就算没有秤，实验还是可以进行的。

1. 用尺子量一下，在距离杯底 3 厘米的地方做一个标记。

2. 往一个杯子里倒水，水量加到标记处；往另一个杯子里倒油，油量也加到标记处。

3. 现在，称一下每个杯子的重量。你会发现装油的杯子比装水的轻。如果没有秤，就两手各拿一个杯子，感受一下重量的差别。两杯液体的体积相同，但重量却不一样。你应该能感觉出装水的杯子稍微重一点儿，因为油的密度比水小，在同样的空间中油包含的物质比水少。

气体是物质的第三种状态。与液体不同，气体不但会根据容器的形状改变自己的形状，还会充满所处的容器或其他任何空间。

空气是一种气体混合物，充满了家里每个房间的每个角落，但它难以被肉眼观察到。烟雾也是一种气体混合物，但它却很容易被看见。

想象一下，要是你把食物放进烤箱加热，却忘了取出来，食物就会烤焦！产生的烟雾将充满整个空间，家里会到处都是烟。

气体肯定会占据空间，但想让大家承认它是物质的一种状态，就必须有质量。

当然啦，气体是有质量的，而且我们可以帮它证明这一点。

我们需要一个没充气的大气球和一台秤。

先称一下没充气的气球吧。

然后，把气球吹起来，让它充满空气。

再称一下吧。

充满空气的气球比没有填充空气的重，因为空气是一种有质量的气体混合物。

就像固体和液体一样，就算不同气体的体积是一样的，它们的质量也各不相同。继续用气球做个实验试试。

拿起一个充满空气的气球，再松开手，如果这时没有风，这个气球就会落到地面上。但如果气球里装的是氦气，它就会向上飘。空气是一种气体混合物，而氦气是一种气体，它的质量比空气小，所以，充满氦气的气球可以在空气中飘浮。

气体有质量，而且占据空间，因此也是物质的一种状态。

物质可以从一种状态转换为另一种状态，比如从固体变为液体，从液体变为气体。

固体

冰是水的固体状态。当冰受热时，就会从固体变成液体，也就是水。

液体 ➡ 气体

经过加热，水会沸腾起来，锅的上方就会升起水蒸气。水蒸气是一种气体，属于**蒸气**的一种。当水吸收了足够的热量，就会变成水蒸气。

大多数物质都可以改变状态，但很多物质要在极端的温度下才会从固体变成液体，再变成气体。

一般情况下，一旦温度升高到 0℃ 以上，冰就会融化成水。当温度达到 100℃，水就会变成水蒸气。

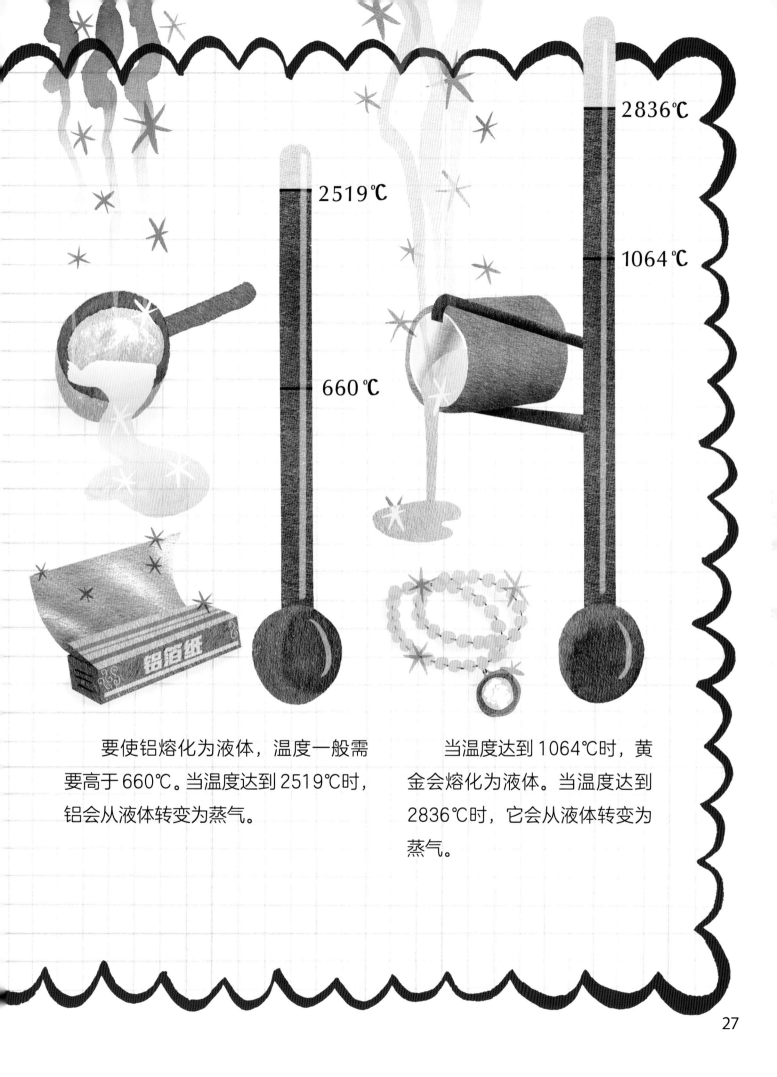

要使铝熔化为液体，温度一般需要高于660℃。当温度达到2519℃时，铝会从液体转变为蒸气。

当温度达到1064℃时，黄金会熔化为液体。当温度达到2836℃时，它会从液体转变为蒸气。

等离子体，有时也被称为电离子体，是物质的第四种状态。它是带有电荷的气体。

等离子体与气体一样，没有固定的形状和体积，它会充满整个容器。

荧光灯和霓虹灯里装有充满气体的管子，当电流通过管子，气体就会变成发光的等离子体，这样灯光就会亮起。大多数恒星，包括太阳，都是超大的等离子体。

地球物质

看看我们的房间里有哪些物质吧。

我们是透过空气看物质，也就是透过物质观察物质。我们能看到的所有东西都是物质，无论是固体、液体、气体，还是等离子体。它们都有质量，也占据了空间，所以都是物质。

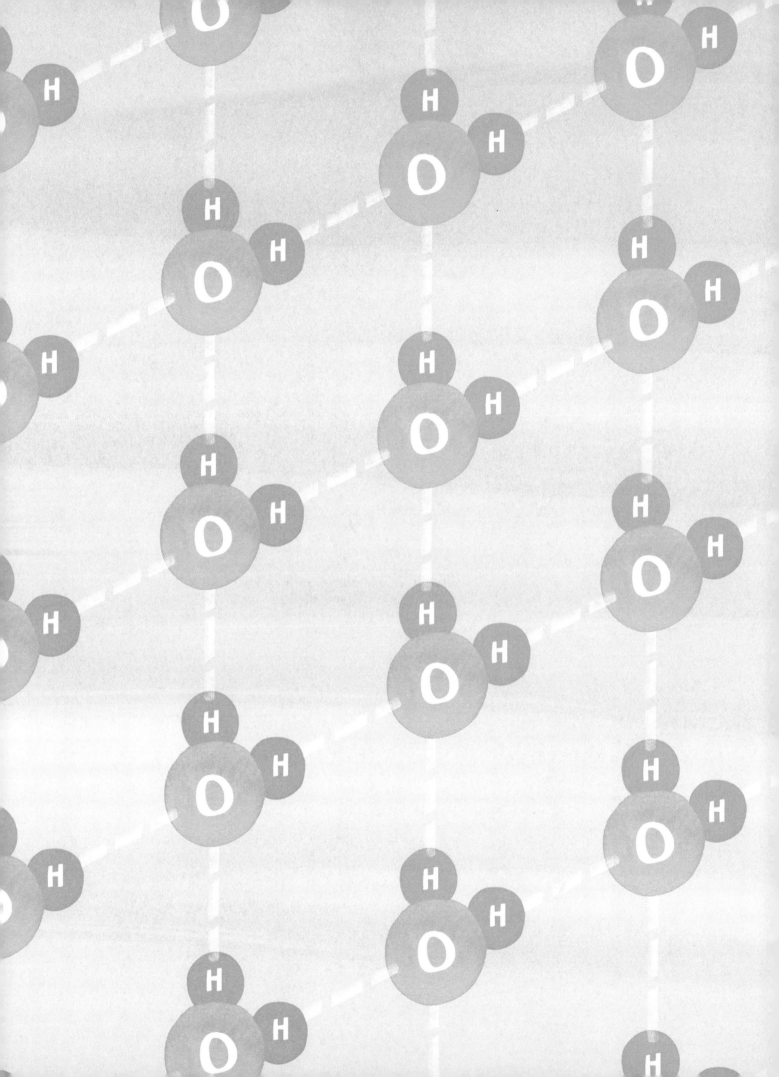